100 — a, mille

62
91

x Cœur muette

# LA MACHINE DYNAMO-ÉLECTRIQUE

## EMPLOYÉE EN ÉLECTRO-THÉRAPIE.

---

Les applications de l'électricité à la médecine sont déjà nombreuses et importantes; depuis longtemps, la bobine de Ruhmkorff, la machine de Clarke, ont été utilisées par Duchenne de Boulogne, Tripier, et tant d'autres, et il serait difficile de citer toutes les modifications que ces appareils ont subies, soit pour les rendre plus puissants, ou plus portatifs, ou d'un réglage plus facile.

Et non-seulement les courants d'induction, mais aussi les courants continus, dont les propriétés sont différentes, ont été employés avec succès.

Toutefois ces applications ont été pendant longtemps plutôt empiriques que scientifiques. C'était au patient à juger de la puissance du courant qu'il recevait par la douleur qu'il ressentait, et au praticien à modérer instinctivement le jeu de son appareil selon les effets physiologiques qu'il observait. Tout au plus les appareils perfectionnés portaient-ils un galvanoscope, dont le rôle principal était d'indiquer le passage du courant, et de faire savoir si la pile était capable de fonctionner.

De là des effets irréguliers, incertains, parfois des eschares, qui faisaient volontiers considérer l'électricité comme un médicament dangereux.

Mais un jour est arrivé où les travaux de Faraday, d'Ampère, de Coulomb, de Weber, de Thomson, etc., restés pendant si longtemps dans le domaine des laboratoires, ont enfin été utilisés par la science pratique. Les notions

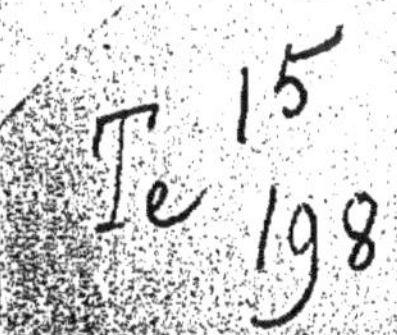

de quantité d'électricité, d'intensité de courant, de force électromotrice, etc., ont été mises à la portée de tous, grâce aux appareils de mesure si exacts et si commodes dont on dispose aujourd'hui.

Aussi les applications sont devenues plus nombreuses encore et d'une efficacité plus grande en même temps; non-seulement les courants continus, mesurés en milliampères, les courants d'induction, dosés pour ainsi dire par l'emploi de condensateurs de capacité connue, sont employés en toute sécurité; non-seulement le galvano-cautère rivalise avec le thermo-cautère, et lui est parfois préféré, mais encore l'emploi des lampes à incandescence, de dimensions minuscules, utilisées dans d'ingénieux appareils, photophore, mégaloscope, otoscope, cystoscope, etc., facilite souvent le diagnostic, ou permet certaines opérations jugées impossibles auparavant (exploration de l'estomac et de la vessie, cathétérisme des urétères, etc.).

Mais si nous passons en revue les principales applications de l'électricité à la médecine, nous allons remarquer un fait qui ne peut manquer de frapper, et qui est d'ailleurs parfaitement mis en relief dans les catalogues des constructeurs.

C'est que chaque application particulière nécessite une source d'électricité spéciale; la même pile n'étant pas, pratiquement, utilisable pour deux usages différents.

Pour produire, en effet, des courants continus circulant à travers la peau et les tissus de l'organisme, qui présentent une très grande résistance, il faut employer une pile formée de nombreux éléments, 30, 40, parfois même 60. Mais comme l'intensité ne dépasse guère 20 à 25 milliampères et souvent est moindre encore, on pourra choisir des éléments de petite dimension et de faible débit, Leclanché, pile au chlorure d'argent, au sulfate de mercure, etc. Toutefois une pile ainsi constituée n'est pas toujours suffisante et lorsqu'on est conduit à employer dans certains cas spéciaux des intensités de 150 ou 200 milliampères (comme dans la méthode du docteur Apostoli), il est nécessaire d'avoir recours à une pile composée de 20 à 30 éléments de dimensions suffisantes pour pouvoir débiter sans polarisation le courant voulu.

On peut sans doute, à la rigueur, combiner une pile unique capable de fournir tous les courants continus dont on peut avoir besoin; mais il faut absolument en avoir une autre toute différente pour le galvano-cautère. Cet instrument, aux formes si variées, exige un courant beaucoup plus puissant, et qui peut atteindre 25 et 30 ampères. Mais la résistance du fil de platine qui doit être porté au rouge est faible, et deux éléments suffiront en général. On choisira un bon modèle de pile au bichromate, ou mieux à acide chromique.

Cette pile pourrait au besoin actionner les appareils d'induction, mais il est préférable d'avoir un élément spécial, de moindre dimension, et de forme commode; il suffit qu'il débite 1 ou 2 ampères, de sorte que la pile à grand débit du galvano-cautère ne serait point économique.

Quant aux appareils munis de lampes à incandescence, cystoscopes et autres, ils peuvent rarement être alimentés par une des piles précédentes, car les petites lampes qu'ils comportent exigent habituellement 1 ou 2 ampères et 6, 8, 10 volts aux bornes. De là une pile spéciale de 4, 5 ou 6 éléments, calculés pour cet usage.

Enfin, si l'on veut être complètement installé, il faut pouvoir alimenter un moteur de 6 à 7 kilogrammètres, pour faire mouvoir une machine de Carré, de Woss ou de Wimshurst, dont l'emploi s'est généralisé, grâce aux efforts du docteur Vigouroux. D'où une nouvelle pile de 6 à 8 éléments pouvant donner 8 à 10 ampères.

Inutile d'ajouter que ces diverses piles ne conviendraient guère pour faire de la lumière pour l'éclairage de l'appartement.

En bien comptant, on arrive ainsi à un ensemble de 5 ou 6 modèles différents, qui, il faut bien le dire, pourraient sans trop de difficultés, et surtout dans le cas d'une installation fixe, être réduits à trois convenablement choisis. Une batterie d'accumulateurs notamment peut rendre de bons services, bien que la pile qui doit les charger ne soit pas toujours d'un choix et d'un entretien faciles.

Or, sans parler de la question de dépense pour l'acquisition et l'entretien de ces piles de divers modèles et de puissance variée, il est certain que les applications de chacune d'elles seront toujours limitées aux usages pour lesquels elles auront été construites, et qu'il faudra les entretenir toutes en bon état de fonctionnement, afin de ne pas en être privé au moment où elles pourraient être nécessaires.

Ne serait-il donc pas possible, et plus avantageux tant au point de vue de la commodité que peut-être de l'économie, d'avoir un appareil unique, une source assez puissante pour suffire à tous les besoins, et assez docile pour s'adapter à toutes les exigences, pouvant fournir tous les courants jusqu'à 30 ampères et toutes les forces électromotrices jusqu'à 100 volts, si ces limites supérieures sont jugées suffisantes, toujours prête à fonctionner, ne dépensant que quand elle travaille?

Il n'est pas besoin de chercher bien loin; cet appareil existe; il est construit et utilisé tous les jours dans l'industrie.

C'est la machine dynamo-électrique.

Et il n'est pas nécessaire d'imaginer un modèle spécial; il se trouve que la même machine que l'on emploie aux usages industriels peut aussi s'appliquer aux usages médicaux.

Toutefois, jamais à ma connaissance une dynamo de 1100 Watts construite pour donner normalement 20 ampères à 55 volts, n'avait été employée à produire un courant de quelques milliampères. Cependant l'expérience m'a montré que cela se faisait tout naturellement et sans difficulté.

Il me suffira d'ailleurs de décrire rapidement la récente installation électrique que j'ai réalisée à l'École de médecine de Clermont pour montrer avec quelle facilité la même machine peut se plier aux exigences les plus diverses, et avec quelle simplicité se fait sa manœuvre et son réglage.

J'ai choisi une dynamo du type Gramme supérieur, robuste et peu coûteuse; elle est excitée en dérivation, et peut donner, à 1600 tours, 20 ampères et 55 volts.

Il est inutile de faire remarquer qu'une machine en série, non plus qu'une compound, ne pourraient convenir aussi bien; la première ne s'amorçant que sur un circuit extérieur de résistance assez faible, ne conviendrait que pour fournir des courants intenses; l'autre construite pour donner toujours une force électromotrice élevée constante, ne serait pas d'un emploi commode et économique lorsque quelques volts suffiraient.

La shunt-dynamo, au contraire, donne, à vitesse constante, une force électromotrice d'autant plus grande que la résistance extérieure est elle-même plus grande, ce qui est très favorable; et si les 75 volts que l'on atteint ainsi à circuit ouvert ne suffisent pas, il est facile en poussant la vitesse jusqu'à 1700 ou 1800 tours, d'atteindre 100 volts et au-delà.

Et si l'on craignait qu'elle ne pût s'amorcer sur un circuit trop peu résistant, sur un couteau galvano-caustique, par exemple, il ne serait pas difficile d'y remédier, en introduisant une résistance auxiliaire d'un Ohm ou d'un demi-Ohm.

Il suffit d'ailleurs de se rappeler la forme des caractéristiques de ces trois types de machines pour reconnaître que la dynamo en dérivation est la plus convenable pour le but qu'il faut atteindre. Elle permet, de plus, de charger des accumulateurs, d'obtenir des dépôts galvanoplastiques, ce qui serait presque impossible avec les autres.

Mais comment régler sa puissance?

Deux moyens s'offrent à nous. Si le moteur qui l'actionne tourne à vitesse constante, il suffit d'introduire dans le circuit d'excitation un rhéostat convenablement calculé; ayant à portée de la main la manette de ce rhéostat, on obtiendra le courant désiré, par une manœuvre absolument comparable à celle qui consiste à prendre plus ou moins d'éléments de pile au moyen du collecteur.

Si le moteur peut fonctionner à des vitesses variables, on pourra au contraire ne pas toucher au circuit inducteur et agir sur la vitesse. Et ce procédé est beaucoup plus pratique qu'on ne le croirait au premier abord. C'est celui que j'emploie le plus souvent.

Le moteur à gaz dont je dispose peut en effet fonctionner à des vitesses comprises entre 40 et 130 tours par minute. Dans ces conditions, la machine dynamo passe de 600 à 1950 tours, ce qui lui permet de donner, à circuit ouvert, depuis deux volts à peine jusqu'à 100 et plus. Aussi rien n'est-il plus facile que de faire produire à la machine le courant que l'on désire, en augmentant peu à peu la vitesse.

Toutefois, il n'est pas toujours commode ou possible d'agir ainsi sur le moteur, et il est utile de disposer d'un autre rhéostat dans le circuit extérieur; ce sera par exemple un rhéostat continu, à liquide, excellent pour graduer les courants continus de 0 à 500 milliampères au besoin. Ou bien on disposera d'une résistance métallique variable, permettant de régler l'incandescence d'une petite lampe, ou la vitesse d'un moteur électrique. Il est bon assurément d'avoir ainsi plusieurs moyens de régler la puissance du courant, afin d'opérer avec le maximum d'aisance et de sûreté.

Il est inutile d'insister sur la disposition de ces rhéostats, de l'ampères-mètre, du milliampères-mètre, du voltsmètre, du coupe-circuit, de l'inverseur, de tous ces accessoires en un mot, qui seront groupés de la manière la plus commode, et que chacun peut modifier à son gré.

La manœuvre de cette usine électrique en mini e est des plus simples et des plus sûres. Mais il est curieux assurément de voir la même dynamo alimenter successivement une lampe à arc de 80 carcels et une lampe à incandescence d'une bougie, faire rougir une anse de platine de un mètre de long, puis actionner une bobine d'induction exigeant autrefois deux petits éléments de pile; ou enfin donner 7 ampères et 8 volts sur un moteur électrique, puis 7 milliampères et 80 volts sur un muscle atrophié.

J'ajoute un mot encore.

En dehors des avantages matériels que présente une semblable installation, ne peut-on penser que le courant de la dynamo possède des propriétés quelque peu différentes de celles des courants de piles communément employés?

Si au point de vue mécanique ou physique (production de force, de lumière, de chaleur, électrolyse même), il est évident que les effets doivent être identiques, on ne peut plus affirmer qu'il en sera de même au point de vue physiologique. En raison du processus fort différent (action chimique dans la pile, action mécanique dans la machine), par lequel est engendré le courant, et aussi en considérant l'état ondulatoire de l'un, et la constance de l'autre, on doit s'attendre à observer des effets distincts.

C'est ce que j'ai constaté en effet. Mais, ce qu'il y a de particulier en cela, c'est que le courant de la dynamo, à intensité égale, a été mieux supporté que le courant de pile (ce sont des accumulateurs qui m'ont servi pour cette comparaison).

J'ai vérifié bien des fois, et sur des sujets non prévenus, ce fait intéressant, et toujours j'ai pu, à sensation douloureuse égale, employer une intensité plus grande de près d'un quart avec la machine (avec les mêmes électrodes, et dans les mêmes conditions, autant qu'il était possible).

Je citerai seulement les observations de deux sujets,

traités par les courants continus, alternativement avec la machine et les accumulateurs.

*1. — Crampe des écrivains.*

| | | |
|---|---|---|
| Dynamo....... | 11 à 12 milliampères | à sensation égale. |
| Accumulateurs.. | 8 milliampères | |

*2. — Paralysie des extenseurs, pied droit.*

| | | |
|---|---|---|
| Dynamo...... | 22 à 25 milliampères | à sensation égale. |
| Accumulateurs | 15 à 17 milliampères | |

A priori, on aurait pu croire au contraire que le courant absolument constant serait préféré au courant ondulatoire.

Comment expliquer cette différence?

Je me propose d'étudier cette question plus à fond. Mais il me semble en résulter un avantage en faveur de la machine; c'est pourquoi j'ai cru bien faire de le signaler.

Grâce au bienveillant intérêt témoigné par les médecins et les administrateurs de l'Hôpital, les malades de l'Hôtel-Dieu ont pu mettre à contribution cette installation toute récente, et déjà près de 300 séances ont eu lieu; le service électro-thérapique, utilisant pour la première fois une dynamo comme source unique d'électricité, se trouve ainsi établi à Clermont-Ferrand; puisse-t-il rendre les services que l'on est en droit d'en attendre.

CHARLES TRUCHOT,

Professeur de physique à l'Ecole de médecine,
Chargé du Service électro-thérapique à l'Hôtel-Dieu.

(*Société d'Emulation.* — Communication faite à la séance du 11 mars 1891.)

Clermont-Ferrand, Imprimerie Mont-Louis, rue Barbançon, 2.

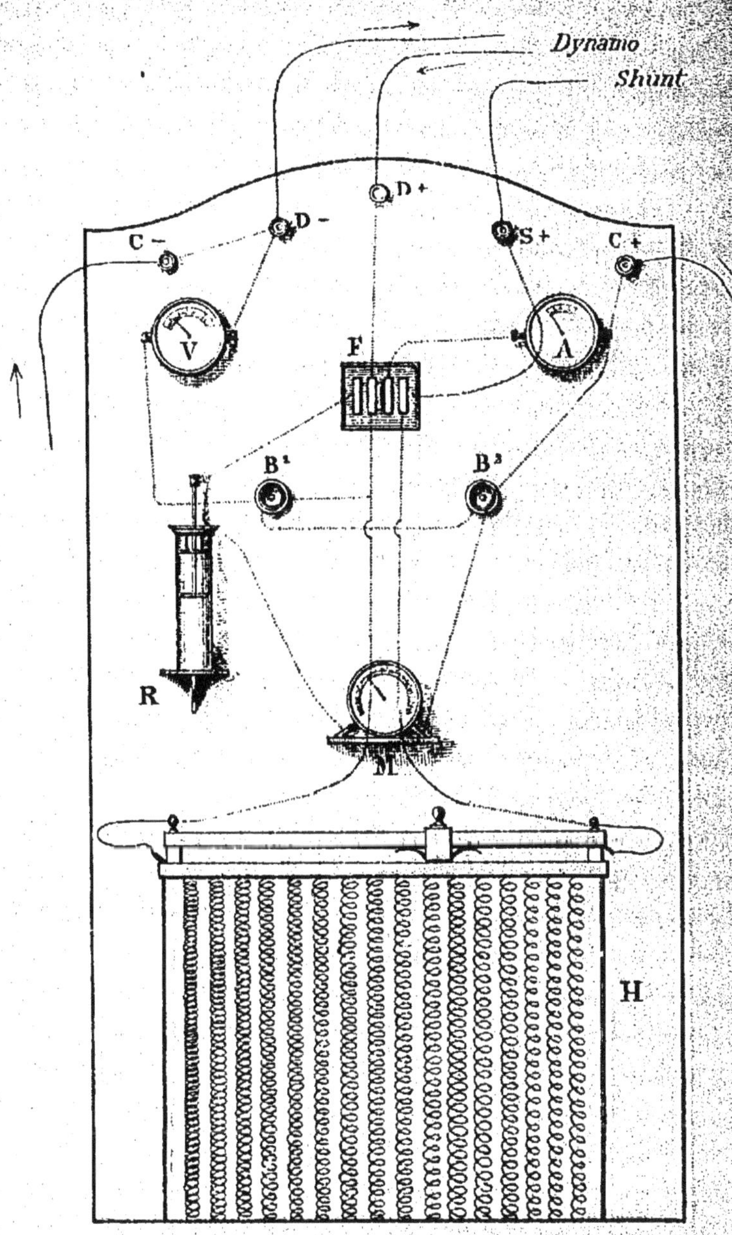


A. Ampères-mètre, de 0 à 30 ampères
V. Volts-mètre, de 0 à 100 volts
M. Milli ampères-mètre
R. Rhéostat à eau
F. Commutateur à cheville
H. Rhéostat à touches de 25 ohms

www.ingramcontent.com/pod-product-compliance
Ingram Content Group UK Ltd.
Pitfield, Milton Keynes, MK11 3LW, UK
UKHW012312240726
13966UKWH00005B/1816

9 782013 417808